図説 知っておきたい！

野生動物

サリー・モーガン 著
訳出協力：Babel Corporation

六耀社

ACKNOWLEDGEMENTS
The publishers would like to thank the artist Ian Jackson who has contributed to this book
All other images are from the Miles Kelly Archives

SPOT 50

Wild Animals

by Sally Morgan

©Miles Kelly Publishing Ltd 2011

Japanese translation rights arranged with

Miles Kelly Publishing Ltd., Thaxted, Essex, England

through Tuttle-Mori Agency, Inc., Tokyo

もくじ

生息環境	4
動物の分類	5

哺乳類

○ アリクイ	6
○ ヒヒ	7
○ コウモリ	8
○ クマ	9
○ チーター	10
○ チンパンジー	11
○ シカ	12
○ イルカ	13
○ ゾウ	14
○ テナガザル	15
○ キリン	16
○ ゴリラ	17
○ カバ	18
○ ウマ	19
○ ハイエナ	20
○ カンガルー	21
○ キツネザル	22
○ ヒョウ	23
○ ライオン	24
○ ミーアキャット	25
○ オランウータン	26
○ パンダ	27
○ ホッキョクグマ	28
○ サイ	29
○ アザラシ	30
○ ナマケモノ	31
○ トラ	32
○ クジラ	33
○ オオカミ	34
○ シマウマ	35

鳥類

○ ワシ	36
○ ハチドリ	37
○ フクロウ	38
○ ペンギン	39
○ オオハシ	40

爬虫類と両生類

○ アリゲーター	41
○ コブラ	42
○ ワニ	43
○ カエル	44
○ イグアナ	45
○ コモドオオトカゲ	46
○ ニシキヘビ	47
○ サンショウウオ	48
○ ヒキガエル	49
○ ウミガメ	50

魚類

○ ピラニア	51
○ エイ	52
○ タツノオトシゴ	53
○ サメ	54
○ ホウライエソ	55

用語解説　56

それぞれの品種のことがわかったら、○のなかにチェックを入れましょう。

生息環境

動物のなかには、人間のいない自然で暮らし、人間に飼いならされていない動物がいます。こうした野生動物は世界中のさまざまな生息環境で見られます。生息環境とは、野生動物が暮らす環境のことで、たとえば森林や砂漠があります。

草原は、アフリカのサバンナなどのように、草が多くはえ、木が少ない平らな土地です。

砂漠は、雨がほとんど降らない乾いた土地です。サハラ砂漠など、気温が高く、砂におおわれた砂漠もあります。

森林や熱帯雨林は、木々が豊かに、おい茂っている場所です。さまざまな種類の動物が暮らしています。

山脈地帯は、気温がとても低くなる標高の高い場所です。何か月もの間、山の斜面は雪でおおわれます。

北極圏と南極圏は、気温が極めて低く、氷でおおわれています。

海洋および淡水は、地球の大半をおおっています。そこには、魚類をはじめとした、さまざまな水生動物が生息しています。

動物の分類

動物は、無脊椎動物と脊椎動物のふたつに大きく分類されます。昆虫などの無脊椎動物は背骨がなく、哺乳類のような脊椎動物には背骨があります。脊椎動物は50,000種以上いて、地球上で最も進化した、知能の高い動物のなかまです。

▶骨格は動物の体を支え、守る役割を果たしています。

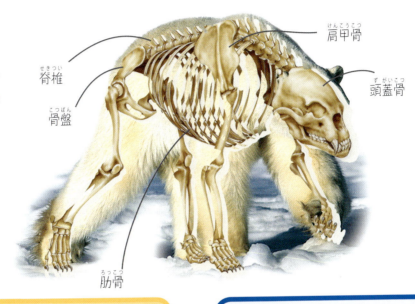

肩甲骨
脊椎
頭蓋骨
骨盤
肋骨

脊椎動物

この本で、野生に暮らす50種の脊椎動物について学びましょう。脊椎動物は、次の5つのグループに分かれます。

魚類

水中に棲む動物です。体がうろこでおおわれていて、えらを使って呼吸をします。手あしはなく、ひれがあります。ひれを使って水のなかを泳ぎます。

哺乳類

知能の高い動物で、体は毛におおわれています。なかには卵を産む種もいますが、ほとんどの種のメスは子どもを出産します。子どもに母乳を与えて育てます。

爬虫類

皮ふにうろこがあり、ほとんどの爬虫類はあしが4本ありますが、ヘビや一部のトカゲにはあしがありません。かたくてざらざらした卵を産む種もいますが、子どもを産む種もいます。

鳥類

体が羽毛におおわれていて、ほとんどの種は翼を使って飛ぶことができます。鳥類には、2本のあしがあり、木などに止まるのに使います。また、くちばしがあるかわりに歯がありません。メスは卵殻のある卵を産みます。

両生類

ほとんどの両生類はあしが4本あります。水中や水辺に生息しています。皮ふは湿っていて、うろこがありません。卵を産み、卵から幼生が孵化します。幼生は変態して成体になります。

アリクイ

アリクイは歯をもたず、アリとシロアリしか食べません。長い舌は、後方に向かってはえている小さいトゲ状の突起物におおわれ、ねばねばしただ液で獲物をなめ取れるようになっています。また、長くて鋭いかぎ爪で、アリやシロアリの巣をこじ開けます。しかし、このかぎ爪があるため、歩きにくくなっています。かぎ爪をあしの内側に曲げ、指のつけ根の関節を地面につけて歩きます。そのため、まるであしを引きずっているように見えます。アリクイには、オオアリクイをはじめ4種のなかまがいます。

大きさくらべ

オオアリクイの舌は長さ60cmで、1分間に多くて150回も舌をのばしてアリをすくいあげます。

動物データ

絵の動物　オオアリクイ
学名　*Myrmecophaga tridactyla*
大きさ　尾を含む体長2m
生息場所　熱帯地域の草原と中南米の森林
寿命　約14年

肩に白と黒の斜めの模様がある

尾は長くて硬い毛におおわれている

頭部が筒状になっていて、鼻口部が長い

目は小さい

長くてねばねばした舌

鋭いかぎ爪の長さは最長10cm

ヒヒ

サルのなかまで、1頭のオスが、トループと呼ばれる大きな群れを率いて暮らしています。日中の大半は地面で食べ物を探して過ごしますが、眠るときや捕食動物から逃げるときには木に登ります。歩くときは4本のすべてのあしを使います。食べるときは、片方の手で体を支えながら、もう片方の手で食べ物を拾います。ヒヒはにぎやかで、ほえたり、キーキーと鳴いたり、叫んだりして、なかまと会話をします。なかまに危険を知らせるときには、特に大きな声でほえます。キイロヒヒをはじめ、5種のヒヒがいます。

大きさくらべ

動物データ

絵の動物	キイロヒヒ
学名	*Papio cynocephalus*
大きさ	体長70cm
生息場所	東アフリカの熱帯地域の草原や森林
寿命	14年から27年

ヒヒはライオンより犬歯が長いことがあります。

- 体毛は灰褐色で、肩の上の部分にある毛が長い
- 顔は体毛がなく、黒っぽい色で、犬のような顔つき
- とがった鼻
- 手の指は5本で親指がある
- 尾が長い

コウモリ

動物のなかで、コウモリ、鳥類、昆虫だけが飛ぶことができます。コウモリは腕がなく翼があります。翼は皮ふでできていてとても長い指で支えられています。コウモリは一般的に夜行性で、暗闇のなかでも超音波を反響させて飛行します。ほとんどの種は昆虫を食べますが、魚類やカエルを捕食する種もわずかに存在し、果実や果汁をとる種もいます。世界中に900種以上のコウモリがいます。哺乳類のなかで、5種のうち1種はコウモリということになります。

大きさくらべ

チスイコウモリは血を吸います。鋭い切歯で獲物の皮ふを突き刺し、流れ出てくる血をなめます。

動物データ

絵の動物	ウサギコウモリ
学名	*Plecotus auritus*
大きさ	体長5cm、翼を広げた長さ25cm
生息場所	ヨーロッパ、アジア全土の森林地帯、公園、庭園
寿命	5年から22年

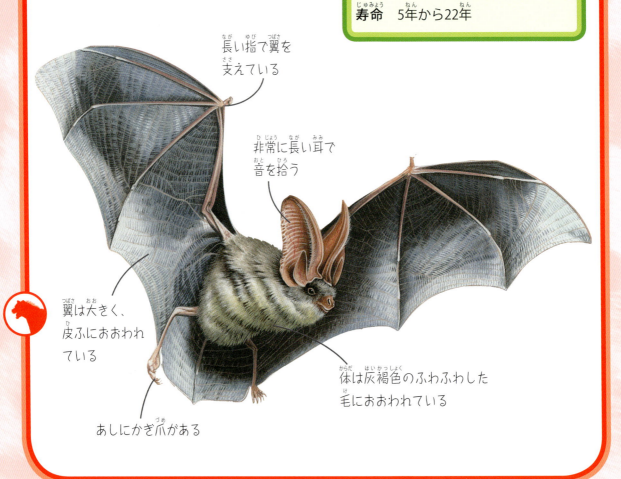

- 長い指で翼を支えている
- 非常に長い耳で音を拾う
- 翼は大きく、皮ふにおおわれている
- 体は灰褐色のふわふわした毛におおわれている
- あしにかぎ爪がある

クマ

肉食哺乳類のなかまで、わん曲したかぎ爪を使って、地面を掘ったり、木の皮をはいだりします。歩くときは人間のようにあしの裏全体を地面につけます。一部の小型の種は木登りが得意です。ヒグマやアメリカグマは雑食で、果実や木の実、草、昆虫、魚類などを食べます。クマは視力があまりよくありませんが、嗅覚がすぐれています。アメリカグマをはじめ、8種のクマがいます。

大きさくらべ

人間の食べ物を食べるクマもいます。食べ物を探してごみ箱をあさったり、キャンプ場を襲ったりします。

動物データ

絵の動物　アメリカグマ
学名　　　*Ursus americanus*
大きさ　　体長 2m
生息場所　北アメリカの森林や山脈地帯
寿命　　　最長 30 年

- かぎ爪は前あしのほうが長い
- 丸い耳に短い毛がはえている
- 目が小さい
- 鼻口部は長くて毛の色が薄い
- 体は黒く毛深い体毛でおおわれている
- 幅の広い平らなあしには5本のかぎ爪がある

チーター

チーターは陸上で最速の動物で、最高時速は115kmにも達します。大型のネコ科の動物で、ガゼル、インパラ、イボイノシシ、ウサギ、鳥類を捕食します。ほとんどのメスは、子育ての時期以外、単独で暮らします。若いオスたちは、コアリション（連合）と呼ばれる小さな群れで暮らします。チーターは周囲のサバンナを見渡せるように、よく木の上やシロアリの塚の上に座っています。獲物にねらいを定めると、ほんの50mの距離まで忍び寄ってから、獲物を追い始めます。

大きさくらべ

チーターはわずか1秒で32m走ることができます。尾を使ってかじを取り、体のバランスを保っています。

動物データ

絵の動物 チーター
学名 *Acinonyx jubatus*
大きさ 体長130cm、肩までの高さ85cm
生息場所 サハラ砂漠以南のアフリカのサバンナ
寿命 最長14年

- 尾の先端から3分の1の部分に、多くて6つの黒い輪がある
- 鼻の両わきに涙のあとのような黒い線の模様がある
- 頭部が小さく、耳が短い
- のどの部分が白い
- 体毛は黄褐色で、黒い斑点がある
- 体の下の部分の色が薄い
- 体は細く流線形で、あしが長い

チンパンジー

知能の高い社会的な動物で、森に棲み、果実、昆虫、鳥類、小さい哺乳類などさまざまなものを食べます。体ががっしりとしていて、背部は丸まっており、腕は立ったときに膝に届くくらい長いです。歩くときは、手の指のつけ根の関節を地面につけて体を支えながら、両腕と両あしを使って歩きます。器用に木登りもします。15頭から100頭以上までさまざまな数の群れをつくって暮らします。

大きさくらべ

チンパンジーは、アリの巣からアリを引っ張り出すのに棒などの道具を使うことを覚えました。

動物データ

絵の動物 チンパンジー
学名 *Pan troglodytes*
大きさ 体長85cm
生息場所 中央アフリカや西アフリカの熱帯雨林
寿命 40年から45年

- 顔に毛がなく、眉の部分が飛び出ている
- 口が大きく、唇が突き出ている
- 大きな耳が突き出ている
- 手には4本の長い指と短い親指がある
- 腕が長い
- 体毛は長くて色が濃い
- 手と顔の皮ふの色が濃い

シカ

ひづめをもつ有蹄哺乳動物で、長いあしは走るのに適しています。草や葉、その他の植物を食べる草食動物です。木の実や果実も食べます。社会的な動物で、通常群れで暮らします。オスは骨でできた角があり、その形はとげのような単純なものから枝のように複雑なものまでさまざまです。角は毎年新しくはえ変わります。ダマジカをはじめ、約44種のシカがいます。

大きさくらべ

シカのなかで最小の種はチリに棲むプーズーで、体重は約10kgしかありません。最大の種はムースで、体重は約800kgもあります。

動物データ

絵の動物	ダマジカ
学名	*Dama dama*
大きさ	肩までの高さ85cm
生息場所	ヨーロッパと中東の森林。オーストラリアと南北アメリカに移入された
寿命	12年から16年

大きくて枝分かれした、手のひらのような形の角がある

体毛は淡黄褐色で、白い斑点がある

尾に沿って黒い線がある

尾の下の部分は白く、黒いふちどりがある

体の下側は白い

あしの先端にひづめがある

イルカ

水中でえらを使って呼吸をする魚類と異なり、イルカは肺で呼吸をする海洋哺乳類なので、呼吸をするために水面にあがらなければなりません。社会的な動物で、多くて1000頭の群れで暮らします。泳ぐ能力に優れ、魚類やイカを追ってすばやく水のなかを泳ぎます。水面から飛び上がって宙返りや回転することもできます。知能がとても高く、クリック音やホイッスル音を発してイルカ同士でコミュニケーションをとります。マイルカをはじめ、32種のイルカがいます。

大きさくらべ

イルカは眠るときに両目を同時に閉じません。片方の目をおよそ10分ごとに交互に閉じます。

動物データ

絵の動物　マイルカ
学名　*Delphinus delphis*
大きさ　体長 2.5 m
生息場所　熱帯の温かい沿岸地域と海洋
寿命　35年から40年

- 尾びれは先端がとがっていて、中央にくぼみがある
- 背びれは三角形
- 目のまわりは黒ずんでいて、両目の間に濃い色の線がある
- 体の上面は濃い灰色から黒色
- 体の側面は薄い灰色から黄色
- 胸びれが長い
- あごから胸びれにかけて、黒い線がある
- くちばしが細長い

ゾウ

陸上動物のなかで最も大きな動物です。家族であるメスと子どもたちが群れをつくって暮らしています。どの群れも率いるのは家長と呼ばれる最年長のメスです。メスは妊娠期間が22か月で、1回の出産で1頭の子どもを産みます。オスは単独で暮らすか、オス同士の小さな群れで暮らします。ゾウは草食動物で、植物の葉や草、根、果実などを食べます。アフリカゾウ、マルミミゾウ、アジアゾウの3種のゾウがいます。

大きさくらべ

成体のアフリカゾウは1日に最も多くて300kgの植物を食べ、200L近くの水を飲みます。

動物データ

- **絵の動物** アフリカゾウ
- **学名** *Loxodonta africana*
- **大きさ** 肩までの高さ 3m
- **生息場所** サハラ砂漠以南のアフリカのサバンナや森林
- **寿命** 最長70年

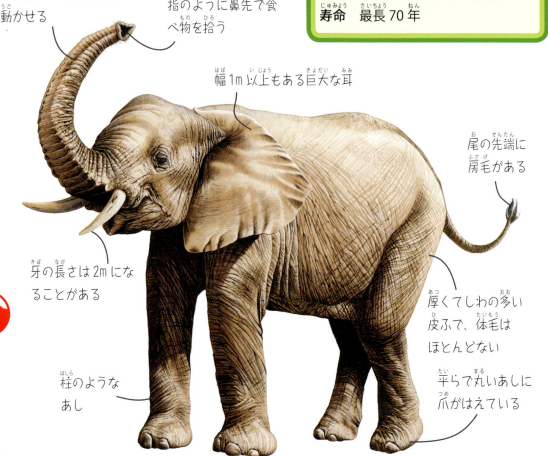

- 鼻は長くて自由自在に動かせる
- 指のように鼻先で食べ物を拾う
- 幅1m以上もある巨大な耳
- 尾の先端に房毛がある
- 牙の長さは2mになることがある
- 厚くてしわの多い皮ふで、体毛はほとんどない
- 柱のようなあし
- 平らで丸いあしに爪がはえている

テナガザル

長い腕で木の枝にぶら下がり、秒速3mの速さで枝から枝へとわたっていきます。これを「腕わたり」といいます。とても活発な動物で、枝の上を歩き、木と木の間を飛び越えられます。地面の上では2本のあしで歩きます。テナガザルは森林に棲む霊長目の動物で、2頭から6頭の小さな家族の群れで暮らします。日中に活動し、植物の葉や芽、イチジクなどの果実を食べます。テナガザルには11種のなかまがいます。

大きさくらべ

テナガザルはとてもにぎやかな動物です。シロテテナガザルの「ホーホー」「フーフー」と鳴く声は、熱帯雨林を超えて1km以上も先まで聞こえます。

動物データ

絵の動物　シロテテナガザル
学名　*Hylobates lar*
大きさ　背の高さ 50〜60cm
生息場所　東南アジアの熱帯雨林
寿命　25年から30年

- 腕とあしが長くて細い
- 黒い顔を囲む白い輪の模様がある
- 体毛は薄茶色で長い
- 指を引っかけるようにして枝を握る
- 手あしが白い
- 尾がない

キリン

地面から頭までの高さが 5.7m もある、最も背の高い陸上動物です。キリンはとても背が高いので、木の葉を食べていると、頭が木よりも高く突き出ます。体にまだらな模様があり、たくみにカムフラージュできます。社会的な動物で、10頭から20頭のなかまと群れで暮らします。明け方と夕暮れに活発に行動し、通常は夜間に眠ります。頭部を後ろあしの上に乗せて、立ったまま眠ることができます。捕食動物から逃げるときには最高時速60kmという速さで走れます。

大きさくらべ

キリンの舌は黒く、長さがおよそ45cmあります。木の一番上の葉にも届きます。

動物データ

- **絵の動物** アミメキリン
- **学名** *Giraffa camelopardalis*
- **大きさ** 角先までの高さ 5.7m
- **生息場所** アフリカ東部や南部のサバンナや森林
- **寿命** 最長 25 年

- 角が一対ある
- 目が大きい
- まだら模様の体毛
- 首の長さは最長 2.5m
- 背部は傾斜している
- 前あしは後ろあしより長い
- 尾の先端に黒い房毛がある
- 長くてがっしりしたあし

ゴリラ

人間に最も近い種のなかまで、霊長目で最大の動物です。知能が高く、家族のメスや子どもたちと1頭のおとなのオスが、ひとつの群れをつくって暮らします。ゴリラは後ろあしの裏全体と、手の指のつけ根の関節を地面につけて、両手あしを使って歩きます。若いゴリラは器用に木登りをします。日中は群れで森のなかを移動して植物の葉を食べ、休憩してから次の場所に移動します。夜は植物の葉や枝で休む場所をつくります。ニシゴリラとヒガシゴリラの2種のゴリラがいます。

大きさくらべ

ヒガシゴリラの1種のマウンテンゴリラは体毛が厚く、夜に気温が下がっても、体を温かく保ちます。

動物データ

絵の動物　ヒガシゴリラ
学名　*Gorilla beringei*
大きさ　背の高さ1.8m
生息場所　中央アフリカの熱帯雨林
寿命　30年から40年

- 巨大な頭
- 顔の皮ふの色が濃い
- 体は厚く濃い色の毛でおおわれている
- がっしりした体
- 長くて筋肉質な腕
- 大きな手に4本の指と親指がある
- あしが短い

カバ

体の大きい哺乳類で、日中は水に浮かんで、目と鼻孔だけを水面から出しています。ときどき水中にもぐって川底を歩きます。夜になると陸に上がって草を食べます。オスは通常単独で暮らしますが、メスと子どもたちは多くて30頭の群れで暮らします。オスは攻撃的で、メスをめぐってオス同士が歯を使って闘い、お互いに大きなけがを負わせます。

大きさくらべ

カバは最高時速30kmで走るため、人間を追い抜くこともできます。

動物データ

- **絵の動物** カバ
- **学名** *Hippopotamus amphibius*
- **大きさ** 高さ1.5m、体長5m
- **生息場所** 西アフリカと東アフリカの川や沼地
- **寿命** 最長40年

- 皮ふは茶褐色で、毛がない
- 体は丸く、樽のようなかたちをしている
- 耳と目は頭の上にある
- あしが短い
- 鼻孔は上を向いている

ウマ

野生のウマは、世界のさまざまな場所で見られます。たとえば、マスタングが北アメリカに棲み、ブランビーがオーストラリアに棲んでいます。ほとんどの野生のウマは、人間のもとから逃げたウマの子孫ですが、モウコノウマは、人間に飼われたことのない純粋な野生のウマです。ウマは種馬である1頭のリーダーのオスと、複数のメスたちが、群れをつくって暮らします。ウマは草食動物で、群れは新しい草を求めて毎日数km移動します。

大きさくらべ

モウコノウマは絶滅寸前種で、野生には100頭も残っていませんが、動物園には数千頭が飼育されています。

動物データ

絵の動物　モウコノウマ
学名　*Equus ferus przewalskii*
大きさ　肩までの高さ1.3m、体長2m
生息場所　中央アジアの大草原地帯
寿命　約20年

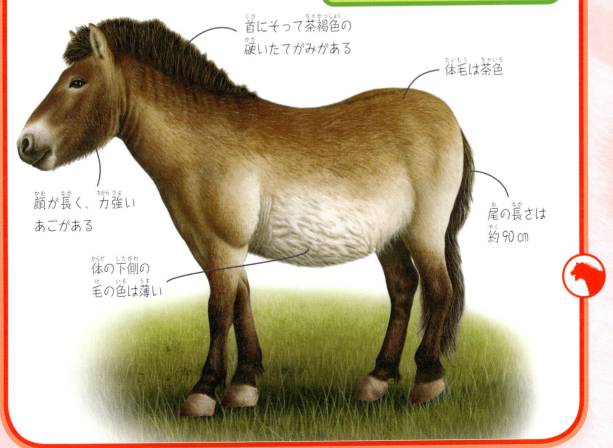

- 首にそって茶褐色の硬いたてがみがある
- 体毛は茶色
- 顔が長く、力強いあごがある
- 尾の長さは約90㎝
- 体の下側の毛の色は薄い

ハイエナ

単独か、少数のグループで、たくみに狩りをします。シマウマやガゼル、ノウサギなどの動物を捕食します。また、腐肉食でもあり、ほかの動物が食べ残したものを食べます。ハイエナのあごは、特に大きな骨でもかみ砕けるため、食べ物を残しません。ハイエナがおそれる動物は、ライオン以外ほとんどいません。ハイエナはクランと呼ばれる血族の群れで暮らします。それぞれの群れには縄張りがあり、ほかの群れの侵入を許しません。メスは地下の巣穴で子どもを産みます。

大きさくらべ

ブチハイエナは多くて15kgもの食べ物を食べることができ、すばやく飲み込みます。

動物データ

絵の動物　ブチハイエナ
学名　*Crocuta crocuta*
大きさ　尾も含めた体長1.3m、肩までの高さ80cm
生息場所　サハラ砂漠以南のアフリカにあるサバンナや開けた森林地帯、砂漠
寿命　最長25年

- 首が毛深く、頭部が大きい
- 耳が丸い
- たてがみの毛はほかの部分の毛より長く、背部にそってはえている
- 背部は傾斜している
- 力強いあご
- 体毛は粗くて長い
- 体毛は黄色をおびた灰色で、濃い色の斑点がある
- 前あしは後ろあしより長い
- あしに4本の指とかぎ爪がある

カンガルー

カンガルーは有袋類のなかまです。有袋類とは、子どもを育てる袋をもつ哺乳類のことをいいます。交尾から33日で体長2.5cmの子どもが生まれます。ごく小さな赤ちゃんは、生まれるとすぐに自分で母親の袋に入っていき、乳首を見つけて吸いつきます。カンガルーは、長い後ろあしを使って、最高時速60kmの速さで前方に飛び跳ねます。また、8m以上の高さに跳ねることもできます。カンガルーは草などの植物を食べる草食動物です。4つの大型の種のほか、小さな種もいます。

大きさくらべ

カンガルーの群れはモブ（mob）と呼ばれ、1500頭もいる群れもあります。

動物データ
- 絵の動物　アカカンガルー
- 学名　*Macropus rufus*
- 大きさ　体長1.5m、尾の長さ1.2m
- 生息場所　中央オーストラリアの開けた森林地帯、草原、砂漠
- 寿命　7年から15年

- 耳が大きい
- 体毛は赤茶色
- 短い前あしの指にかぎ爪がある
- 袋のなかで子ども（ジョーイと呼ぶ）を育てる
- 後ろあしの上部が発達している
- 長くて筋肉質な尾でバランスを取り、体を支える
- 長い後ろあし

キツネザル

マダガスカル島とその周辺の島々だけに棲む、小さい霊長目の動物です。キツネザルには10種以上のさまざまな種がいます。ほとんどの種がネコほどの大きさで、長い尾があります。後ろあしが前あしより長いため、木に登りやすくなっています。枝をつたって走ったり、木から木へと飛び移ったりと、森のなかを自由にかけ回ります。果実を食べる種もいれば、植物の葉や昆虫を食べる種もいます。1種だけ、竹の葉しか食べない種がいます。

キツネザルの1種のアイアイは、1本の指が特に長く、その指のかぎ爪を使ってくさった木のなかにいる太った幼虫をかき出します。

大きさくらべ

動物データ

- **絵の動物** ワオキツネザル
- **学名** *Lemur catta*
- **大きさ** 体長40cm、尾の長さ60cm
- **生息場所** マダガスカル島の森林
- **寿命** 最長18年

- 尾は長くてしま模様になっている
- 背部は赤茶色
- 白い顔で目のまわりは黒っぽい
- 目は琥珀色
- 鼻は黒い
- あしは灰褐色
- 体の下側は白い

ヒョウ

単独で暮らし、シカ、レイヨウ、ウサギ、鳥類などの小型の動物を捕食します。夕暮れから明け方まで狩りをします。獲物に忍び寄っていくときもあれば、待ちぶせをするときもあります。日中は、安全で日陰になる木の上で休みます。体の斑点模様はカムフラージュに最適で、特に木の上にいるときに役立ちます。ヒョウは1種だけですが、亜種にはアムールヒョウ、アフリカヒョウなどの数種がいます。

大きさくらべ

ヒョウは、しとめた獲物をほかの肉食動物や腐肉食動物に取られないように、木の上に運びます。

動物データ

- **絵の動物** ヒョウ
- **学名** *Panthera pardus*
- **大きさ** 体長1.5m、肩までの高さ75cm
- **生息場所** 南アジアとサハラ砂漠以南のアフリカの森林、山脈地帯、草原、砂漠
- **寿命** 最長10年

- 短い耳
- ひげが長い
- オレンジ色をおびた茶色の毛に黒い斑点がある
- 長くて筋肉質な体
- 体の下側にある毛の色は薄くて斑点がある
- 腹部にも黒い斑点がある
- 尾の長さは約80cm

ライオン

その大きさと力強さで、よく「百獣の王」と呼ばれています。ガゼル、レイヨウ、鳥類などのほか、シマウマやヌーなどの大型の獲物でもしとめることができるほど力があります。1頭のオスと、数頭のメスや子どもたちが、プライドと呼ばれる群れで暮らします。メスは2年ごとに、多くて6頭の子どもを産みます。子どもは生後16か月ごろまで群れで暮らし、若いオスは群れを離れます。亜種のインドライオンは、インドのギル森林国立公園に棲んでいます。

大きさくらべ

ライオンの舌は、紙やすりのようにざらざらしています。この舌で獲物をおさえて骨から肉を引きちぎります。

動物データ

絵の動物	ライオン
学名	*Panthera leo*
大きさ	体長 2.7m、肩までの高さ 1.2m
生息場所	サハラ砂漠以南のアフリカのサバンナや半砂漠地帯
寿命	最長 10 年

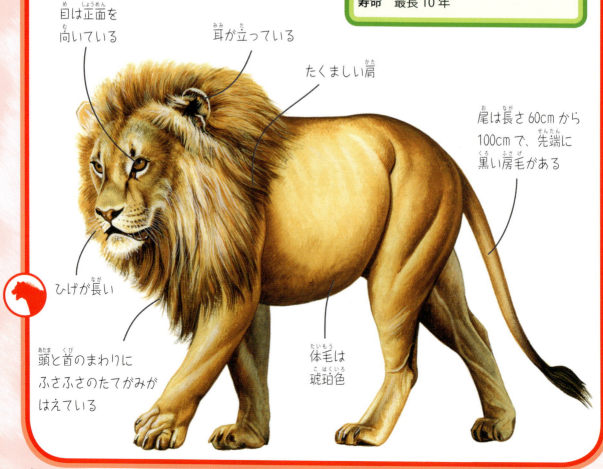

- 目は正面を向いている
- 耳が立っている
- たくましい肩
- 尾は長さ 60cm から 100cm で、先端に黒い房毛がある
- ひげが長い
- 頭と首のまわりにふさふさのたてがみがはえている
- 体毛は琥珀色

ミーアキャット

<small>こ</small>型の哺乳類で、家族とともに、パックと呼ばれる群れで暮らします。ひとつの群れには、繁殖をする複数のつがいと、その子どもたちがいます。ミーアキャットは地中の巣穴に棲んでいます。日中は巣穴から出て、昆虫、クモ、小型のトカゲや卵などをとって食べます。群れのなかの1匹は、いつでもワシ、ジャッカル、ヘビなどの捕食動物が来ないか見張り役をしています。近くに棲む群れに対する敵対意識が強く、よく闘います。

大きさくらべ

ミーアキャットは朝になると太陽にお腹を向けて立ち上がり、腹部の黒い部分から熱を吸収しています。

動物データ

絵の動物　ミーアキャット
学名　*Suricata suricatta*
大きさ　体長25cm
生息場所　アフリカ南部の砂漠
寿命　5年から15年

顔は先へいくほど細くなり、鼻がとがっている

指にかぎ爪がある

あしに4本ずつ指がある

尾は長くて細く、先端が黒い

体毛は黄褐色

オランウータン

単独で暮らす霊長目で、体の大きさが、木に登る動物のなかでは最大級です。日中に活動し、枝から枝へとわたり、開けた地面を横切るときだけ木から降ります。夜は木の枝で自分が眠る台をつくります。オランウータンは主に果実を食べますが、植物の葉や木の皮、花も食べます。木の穴にたまった水をすくって飲みます。オランウータンには、ボルネオオランウータンとスマトラオランウータンの2種がいます。

大きさくらべ

オランウータンはとても腕が長く、1本の腕の長さは人間の5歳の子どもの背の高さと同じくらいです。

動物データ

- 絵の動物　ボルネオオランウータン
- 学名　*Pongo pygmaeus*
- 大きさ　背の高さ 1.5m
- 生息場所　東南アジアの熱帯雨林
- 寿命　50年から60年

- 顔は丸く、頬だこがある
- 傾斜しているひたい
- 体毛は赤褐色
- たくましい腕
- あしは弱い

パンダ

森に棲む哺乳類で、1日のうち長いと12時間も竹を食べて暮らしています。竹は栄養分が少ないので、毎日20kgも食べなければならないのです。パンダは大きなのこぎり状の歯で硬い竹をすりつぶし、小さな親指のような形の手首の骨を使って、タケをつかみます。メスは8月から9月にかけて1頭か2頭の子どもを産みます。子どもは生後18か月ごろまで母親と一緒に暮らします。

大きさくらべ

パンダには白と黒の模様があるため、雪のなかでカムフラージュできます。体の黒い部分だけがバラバラに散って見えるので、見つかりにくいのです。

動物データ

- **絵の動物** ジャイアントパンダ
- **学名** *Ailuropoda melanoleuca*
- **大きさ** 体長1.7m、肩までの高さ70cm
- **生息場所** 中国の森林
- **寿命** 最長25年

- 耳は黒い
- 顔は丸くて白く、目のまわりに黒い模様がある
- 力強いあご
- ずんぐりした体
- 腕やあしは黒く、体は白い

ホッキョクグマ

ホッキョクグマは体毛が白いので、ひと目でわかります。体の大きさは陸上の肉食動物のなかで最大です。北極圏の氷原をうろうろと歩き、アザラシ、小型のクジラ、サケなどの魚類をたくみに捕えます。ホッキョクグマは、子育て中のメス以外は、単独で行動します。メスは真冬に雪の下に巣穴をつくり、出産して、春まで巣穴で過ごします。子どもは生後、長くて3年まで母親と一緒に暮らします。

大きさくらべ

ホッキョクグマの体は保温にすぐれていて、暖かい日には熱くなりすぎることがあり、雪の上に寝そべって、体を冷やします。

動物データ

絵の動物	ホッキョクグマ
学名	*Ursus maritimus*
大きさ	体長 2.5m、肩までの高さ 1.6m
生息場所	北極圏のツンドラ地帯や氷原
寿命	15年から18年

- 耳は小さくて丸い
- 鼻は黒い
- がっしりした体
- 体毛は白くて厚く、長い
- 大きな前あしにはかぎ爪がある
- あしの裏は毛深い

サイ

大型の哺乳類で、1本か2本の角があります。角は人間の指の爪と同じ、ケラチンというたんぱく質でできています。視覚が弱く、嗅覚と聴覚に頼っています。サイは、クロサイをはじめ、5種います。どの種もすべて草食で、草や植物の葉を食べます。ほとんどが単独で暮らしていますが、シロサイは繁殖相手とつがいで暮らし、小さな群れでいるところが見られたりします。

大きさくらべ

シロサイの体の色は白ではありません。アフリカの言葉で広い口という意味の言葉である「widje」が、英語で白という意味の「white」と誤って伝わったために、シロサイと名づけられました。

動物データ

- 絵の動物　クロサイ
- 学名　*Diceros bicornis*
- 大きさ　体長3.5m、肩までの高さ1.6m
- 生息場所　南部アフリカ一帯の砂漠、サバンナ、森林
- 寿命　30年から40年

- 皮ふは厚くて毛がない
- 筒のようなかたちをした耳
- 角は2本で、1本の角がもう1本の角より大きい
- 頭部の両側に小さい目がある
- 上唇がとがっている
- 短くがっしりしたあし
- あしに3本ずつ指がある

アザラシ

水辺の生活に適応した体で、あしの代わりにひれをもち、なめらかな流線形のすがたをしています。アザラシは海洋哺乳動物で、水のなかで暮らし、出産のときには陸にあがります。陸上ではひれを使って体を引っ張り、地面をはうように進みますが、水中では機敏に泳ぎます。水面にもどって息継ぎをしなくても、水のなかで1時間以上とどまることができます。魚類や貝類、イカを捕食します。アザラシには19種のなかまがいます。

最大のアザラシは、ゾウアザラシです。名前の由来は大きな鼻です。その鼻からとても大きな音を出します。

大きさくらべ

動物データ

絵の動物　タテゴトアザラシ
学名　*Pagophilus groenlandicus*
大きさ　体長 1.8m
生息場所　北極海、北大西洋
寿命　30年から35年

- 頭部は黒い
- 目は丸い
- 体毛が厚い
- 背部に堅ごとのような模様がある
- ひれ状の後ろあし
- ひげが長い
- 子どもは体毛が白い

ナマケモノ

動作がゆっくりした動物で、木の上に棲み、単独で行動します。長くてわん曲したかぎ爪で、枝につかまってぶら下がります。ナマケモノは視覚と聴覚が弱いので、嗅覚を頼りにして食べられる植物を探します。地面の上にいるすがたを見かけることはめったにありません。かぎ爪があって歩けないので、地面をはわなければならないからです。それでも泳ぐのは得意です。中央アメリカ、南アメリカで6種のナマケモノが見つかっています。

大きさくらべ

ナマケモノの長い毛は、ダニ、マダニ、甲虫類のほか、藻におおわれていることがよくあります。

動物データ

- **絵の動物** ノドチャミユビナマケモノ
- **学名** *Bradypus variegatus*
- **大きさ** 体長50cm
- **生息場所** 南アメリカの熱帯雨林
- **寿命** 最長30年

- 前あしは後ろあしより長い
- あしにわん曲したかぎ爪が3本ずつある
- 目のまわりの毛が黒く、仮面のように見える
- 頭部は小さい
- 長い体毛が密生している

トラ

単独で行動し、主に夜の間に、シカ、イノシシ、バッファローを獲物に狩りをします。獲物に忍び寄って飛びかかり、地面におさえこみます。メスは2頭から3頭の子どもを産むと、1歳半から3歳ぐらいになるまで子どもと一緒に暮らし、その間に狩りを教えます。トラは1種しかいませんが、亜種にはベンガルトラやアムールトラをはじめ、8種のなかまがいます。最も体が大きいのはアムールトラです。

大きさくらべ

トラのしま模様は、人間の指紋と同じようなもので、まったく同じ模様のトラはいません。

動物データ

絵の動物　アムールトラ
学名　*Panthera tigris altaica*
大きさ　体長3m、肩までの高さ110cm
生息場所　東シベリアの森林
寿命　8年から10年

尾に黒い輪の模様がある

赤みをおびたオレンジ色の体毛に、黒い縦じま模様がある

頭のまわりの毛が特に長い

目は正面を向いている

ひげが長い

体の下側は白に近い薄い色

たくましい肩と厚みのある首

32

クジラ

海の巨人と呼ばれるクジラは、魚類ではなく哺乳類ですが、一生水のなかで暮らします。肺があるため、水面にあがって呼吸をしなければなりません。体は流線形で、体毛は実質的になく、あしの代わりにひれがあります。クジラには主要な2種がいます。ヒゲクジラは、水中のプランクトンやオキアミを、ザルでこすようにとって食べます。ハクジラは魚類、イカ、アザラシなどの動物を捕食します。

大きさくらべ

シロナガスクジラは世界最大の動物です。体長は29mくらいにもなり、毎日4tの食べ物を食べます。

動物データ

- 絵の動物　マッコウクジラ
- 学名　*Physeter macrocephalus*
- 大きさ　体長19m
- 生息場所　温暖な海域、水深3000mまで
- 寿命　最長70年

頭部は大きくて四角い

尾びれ

目は小さい

下あごには約40本の歯がある

上あごの歯は少ししかない

オオカミ

主に北半球の森に多く見られる、恐ろしい捕食動物です。オオカミは、群れで暮らします。群れは多くて9頭で、もっと大きな群れになることもあります。群れを率いるのはリーダーのオスとメスです。リーダーのメスだけが出産し、群れのなかのほかのメスは子育てを手伝います。オオカミは群れで狩りをし、トナカイやほかのシカのなかま、ウサギや鳥類を獲物にします。それぞれの群れには縄張りがあり、見回りをしてほかのオオカミの侵入を防ぎます。

大きさくらべ

オオカミが遠ぼえをするのは、自分の居場所を知らせるときや、狩りの前後です。いっせいに遠ぼえをすることもあります。

動物データ

絵の動物	タイリクオオカミ
学名	*Canis lupus*
大きさ	体長1.3m、肩までの高さ75cm
生息場所	北アメリカ、ヨーロッパ、中東、アジアの森林や山脈地域
寿命	6年から13年

- 耳は立っている
- 目は正面を向いている
- 首のまわりの毛と背部にそった毛が長い
- 頬の体毛が房になっている
- 体毛は白、灰、茶、黒が混ざった色
- 体毛は厚い
- 前あしの指は5本
- 後ろあしの指は4本

シマウマ

白と黒の縦じまの独特の模様があるため、見てすぐにシマウマだとわかります。草を食べる草食哺乳類です。1頭の種馬とおよそ6頭のメス、その子どもたちという構成の家族の群れで暮らしています。シマウマは1列に並んで歩くことが多く、リーダーのメスが先頭に立ち、そのあとを年齢の順にメスが歩き、列の1番後ろをオスが歩いて群れを守ります。夜は群れのなかの1頭が起きていて、捕食動物が来ないか見張り役をします。シマウマには3種のなかまがいます。

生まれて間もないシマウマは毛深く、しま模様は薄茶色です。そのため捕食動物からは見つかりにくいのです。

大きさくらべ

動物データ

絵の動物　サバンナシマウマ
学名　*Equus quagga*
大きさ　体長2.3m、肩までの高さ120cm
生息場所　アフリカ東南部の開けたサバンナ
寿命　12年

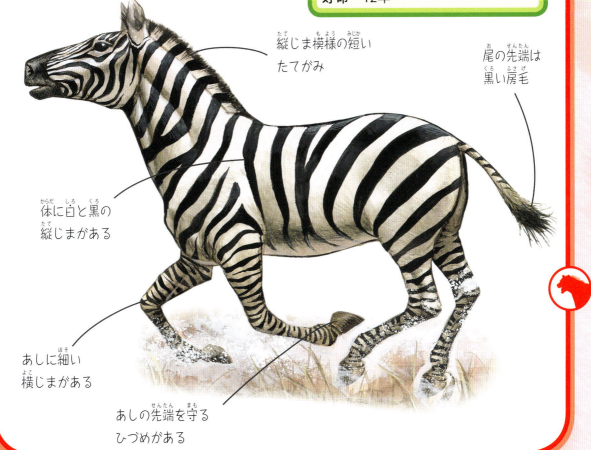

- 縦じま模様の短いたてがみ
- 尾の先端は黒い房毛
- 体に白と黒の縦じまがある
- あしに細い横じまがある
- あしの先端を守るひづめがある

ワシ

最大で最強の鳥類のなかまで、南極大陸以外のすべての大陸に生息しています。狩りをする鳥で、哺乳類、鳥類、爬虫類、魚類、コウモリ、無脊椎動物といったさまざまな動物を捕食します。ワシの多くは一生つがいで暮らし、毎年同じ営巣地に戻ります。高い崖の上や木の上に巣をつくる種もありますが、地面に巣をつくる種もわずかにあります。オスとメスの体は似ていますが、ひなは羽の色が違います。

大きさくらべ

ワシの翼の羽は先が分かれていて、空気が羽の隙間を抜けて、なめらかに飛べるようになっています。

動物データ

- 絵の動物　イヌワシ
- 学名　*Aquila chrysaetos*
- 大きさ　体長85cm、翼を広げたときの長さ2m
- 生息場所　北半球一帯の草原、森林、ツンドラ地帯
- 寿命　約30年

- 翼は長くて大きい
- 体は茶色の羽毛におおわれ、頭部の毛は黄色
- 目は茶褐色
- くちばしは黒くてわん曲している
- あしは羽毛におおわれている
- 黄色いあし
- たくましいかぎ爪

ハチドリ

ハチドリは高速で羽ばたいて空中に静止することができます。空中にとどまることができるので、長いくちばしを花に差し込み、主食であるあまいみつを吸うことができます。静止飛行には多くのエネルギーが必要なため、毎日自分の体重と同じ量のみつを食べなければなりません。ほかにも昆虫やクモを捕食します。小型で明るい色のハチドリは、300種以上がいます。最も小さい種の重さは、2gしかありません。

大きさくらべ

ハチドリという名前は、1秒間に約100回も羽ばたいて、ハチのように「ブンブン」という音を立てるところから名づけられました。

動物データ

絵の動物	クリムゾントパーズハチドリ
学名	*Topaza pella*
大きさ	体長20cm
生息場所	南アメリカの熱帯雨林
寿命	3年から4年

- くちばしがわん曲している
- 高速で羽ばたく翼
- のどに模様がある
- 体の下の部分は光沢のある赤色
- 尾の羽は半分の長さのところで交差する

フクロウ

静かに飛行して狩りをする鳥で、小型の哺乳類、トカゲ、鳥類、魚類といった動物を捕食します。フクロウのほとんどは夜行性で、夜に狩りをして、日中は木にとまって休みます。聴覚と視覚がすぐれていて、暗いところでも役立ちます。フクロウのほとんどは単独で暮らし、単独で狩りをします。巣はつくらずに、木や岩壁にある穴をすみかにします。フクロウは200種以上のなかまがいて、実質的に世界中のすべての環境で見られます。

大きさくらべ

フクロウは、小さな動物が森林の地面の落ち葉のなかで、かすかな音をたてたときでも、その音を聞き取ることができます。

動物データ

絵の動物	メンフクロウ
学名	Tyto alba
大きさ	体長 40cm
生息場所	南極大陸を除く全大陸の草原や農地
寿命	1年から5年

- 頭部と背部は茶色
- ハート形の顔
- 長い翼に風切羽がある
- 正面を向いた大きな目
- かぎ状のくちばし
- かぎ爪
- あしは指の近くまで羽毛におおわれている
- 体の下の部分は灰色をおびた白

ペンギン

ペンギンは翼がありますが、飛ぶことはできません。その翼は、泳ぐためにひれのようなすがたに変わりました。ペンギンは泳ぎがたくみです。海のなかで小さな魚類、イカ、オキアミをとりながら、一生の多くの時間を海で過ごします。社会的な動物で、陸の上で繁殖し、よく大きな群れをつくります。南半球のガラパゴス諸島から南極大陸にかけて見られます。ペンギンには18種のなかまがいます。最大のペンギンはコウテイペンギンで、体長は1mを超え、体重は35kgに達するものもいます。

大きさくらべ

コウテイペンギンは最長18分間も水中にとどまることができ、また水深500mまでもぐることができます。

動物データ

絵の動物　フンボルトペンギン
学名　*Spheniscus humboldti*
大きさ　体長75cm
生息場所　チリやペルーの沿岸の岩場
寿命　15年から20年

- くちばしのつけ根はピンク色
- 頭のまわりに白い帯の模様がある
- 胸部に黒い逆U字形の模様がある
- ひれのようなかたい翼
- かぎ爪
- 水かきのあるあし

オオハシ

ほとんどのオオハシは、巨大なくちばしを使って枝から果実をちぎり取って食べます。そのほかにも、昆虫や鳥類のひな、トカゲを捕食します。オスとメスのつがいか、小さな群れで暮らしているすがたをごく普通に目にします。オオハシは木の小さな穴を巣にし、何年にもわたって同じ穴を使うことがよくあります。巣にする穴は小さいので、おとなのオオハシは巣に入るときに尾を背部側に折り曲げなければなりません。オオハシには約40種のなかまがいます。

大きさくらべ

オオハシの巨大なくちばしは重そうに見えますが、ハチの巣状になっていて空洞があるので、実際はとても軽いのです。

動物データ

絵の動物　オニオオハシ
学名　　　*Ramphastos toco*
大きさ　　くちばしを含む体長65cm、
　　　　　くちばしの長さ20cm
生息場所　南アメリカ東部の熱帯雨林や草原
寿命　　　最長20年

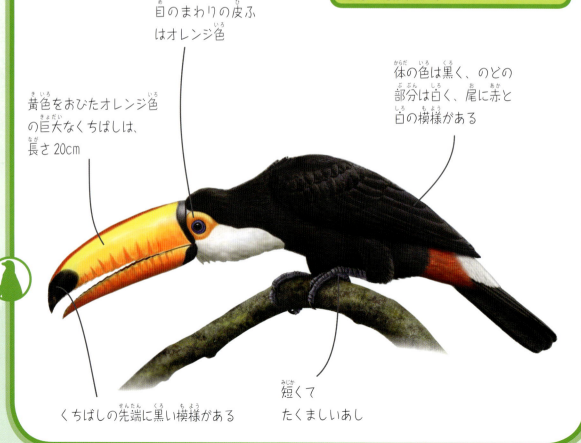

- 目のまわりの皮ふはオレンジ色
- 黄色をおびたオレンジ色の巨大なくちばしは、長さ20cm
- 体の色は黒く、のどの部分は白く、尾に赤と白の模様がある
- くちばしの先端に黒い模様がある
- 短くてたくましいあし

アリゲーター

大型の爬虫類で、魚類や哺乳類、カメなどの動物を捕食します。天敵は、一部の大型のヘビ以外ほとんどいません。メスは塚状の巣をつくり、硬くてざらざらした卵を産みます。卵はおよそ2か月で孵化します。子どもは母親と長くて2年過ごします。アリゲーターには8種のなかまと、カイマンという近縁種がいます。

大きさくらべ

アリゲーターは74本から80本の歯があり、歯は絶えずはえ変わります。一生のあいだに3000本もの歯がはえるのです。

動物データ

絵の動物	アメリカアリゲーター
学名	Alligator mississippiensis
大きさ	体長4m
生息場所	アメリカ東南部の沼沢地
寿命	35年から50年

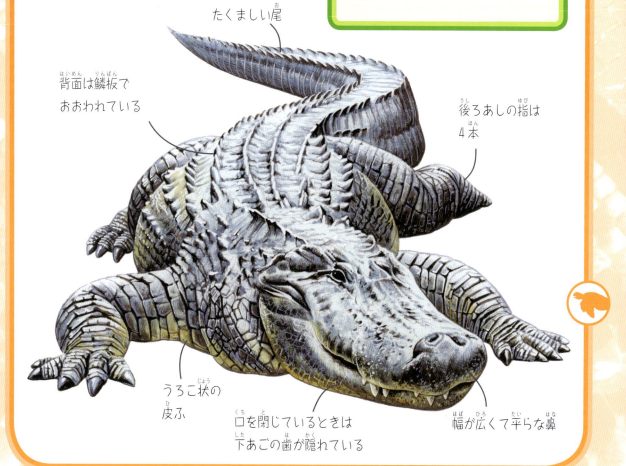

- 長くてたくましい尾
- 背面は鱗板でおおわれている
- 後ろあしの指は4本
- うろこ状の皮ふ
- 口を閉じているときは下あごの歯が隠れている
- 幅が広くて平らな鼻

コブラ

コブラは攻撃的な性質の毒ヘビです。恐怖を感じるとかま首をもたげ、首の肋骨を平らにして特徴的なフードをつくります。相手がどんな種の動物でも人間でも、数mの距離にいると、攻撃することがあります。コブラは小型の哺乳類や鳥類、トカゲなどの動く獲物を、目で見たり、地面の振動をとらえたりして察知します。コブラがかむと、毒は牙のなかにある毒腺を通って、かんだ獲物に注ぎこまれます。かまれた動物は即死して、コブラに丸ごと飲みこまれます。

大きさくらべ

コブラは多くの人が住む地域に生息しているため、毎年何千もの人がコブラにかまれて死亡しています。

動物データ

- 絵の動物　キングコブラ
- 学名　*Ophiophagus hannah*
- 大きさ　体長4m
- 生息場所　南アジアと東南アジア一帯の森林
- 寿命　20年

- 目は小さい
- フード
- 先端が割れた舌で、空気を感知する
- 大きな頭部
- 体の下の部分は、大きくなめらかなうろこでおおわれている
- 薄黄色のしま模様が体一面にある

ワニ

大型の爬虫類で、大きく開く長いあごを使って、魚類、シカ、レイヨウ、鳥類などを捕食します。鎧をつけたようなすがたで、目と鼻孔だけを水面から出して獲物を探しながら、ほとんどの時間を水のなかで過ごします。陸上でははって進むことが多いですが、体を地面からもちあげて、短い距離を走ることもできます。ワニには14種のなかまがいます。水辺に植物を積み上げて巣をつくり、そこに産卵します。

ナイルワニが体を冷やすために口を開けていると、ナイルチドリという鳥がワニの口に入って歯の掃除をします。

大きさくらべ

動物データ

絵の動物	ナイルワニ
学名	*Crocodylus niloticus*
大きさ	体長5m
生息場所	川や沼沢地
寿命	45年以上

- 長くてたくましい尾
- 目は緑色
- 背面は鱗板でおおわれている
- 目は頭部の上
- 長い鼻口部
- 下あごの第4歯が突き出ている

カエル

尾をもたない両生類で、長い後ろあしはジャンプに適しています。皮ふは薄くて湿っているため、生息地は水辺の湿った場所に限られます。長くてねばねばした舌で、昆虫やナメクジ、ミミズなどの小型の動物を捕食します。ヤドクガエルは非常に強い毒をもっています。体は明るい色で、毒性が高いことを警告しています。ほとんどのカエルは水中で産卵します。卵は孵化するとオタマジャクシになり、成長するとすがたが変わって成体になります。これを変態といいます。

大きさくらべ

最も毒性が強いカエルはモウドクフキヤガエルです。人間のおとなを10人も死亡させるほどの猛毒です。

動物データ

- 絵の動物　イチゴヤドクガエル
- 学名　*Oophaga pummilio*
- 大きさ　体長 2cm
- 生息場所　中央アメリカの熱帯雨林
- 寿命　最長 15 年

- 目が飛び出ている
- 体は赤い
- 背部が短い
- 後ろあしが長い
- 大きな口
- 前あしは後ろあしより短く、先端に4本の指がある
- 青いあし

イグアナ

木の上や岩の間で見られる大型のトカゲです。茶色から緑色まで種によって体の色はさまざまです。頭部の先端には、光を感じとる「第3の目」があります。オスはのどの下に咽喉垂と呼ばれる垂れた皮ふをもち、これを膨らませてほかのイグアナに信号を送ります。メスは巣のなかで最大70個の卵を産みます。孵化した子どもは成長するまで木の上で暮らします。イグアナには約35種のなかまがいます。

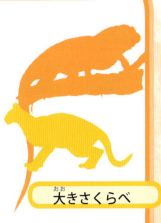

大きさくらべ

ヒロオビフィジーイグアナは周囲の環境に合わせて、皮ふの色を変えることができます。

動物データ

- **絵の動物** ヒロオビフィジーイグアナ
- **学名** *Brachylophus fasciatus*
- **大きさ** 体長60cm
- **生息場所** 太平洋一帯の島々の生息地
- **寿命** 15年以上

- 大きな口
- 頭部の後ろに白い斑点がある
- 咽喉垂
- 背部にそってとげ状の小さい突起がある
- 体にそって緑色と薄緑色のしま模様がある
- かぎ爪のある指
- しま模様のある長い尾

コモドオオトカゲ

世界最大のトカゲです。体の大きさに反して、動作が機敏ですばやく動くことができ、泳ぐこともできます。コモドオオトカゲは、シカ、ヤギ、ブタを捕食します。嗅覚にすぐれていて、数kmはなれた動物のくさりかけた死体を見つけることができます。メスは巣のなかで産卵します。孵化した子どもは、おとなのコモドオオトカゲに獲物にされないように、数年間木の上で過ごします。自分で身を守れる大きさになると、地面に降ります。

コモドオオトカゲのだ液には、多くの毒性の菌が含まれています。そのため、コモドオオトカゲにかまれた動物は、通常は毒に感染して死んでしまいます。

大きさくらべ

動物データ

- 絵の動物　コモドオオトカゲ
- 学名　　　Varanus komodoensis
- 大きさ　　体長3m
- 生息場所　インドネシアの乾いた草原
- 寿命　　　20年から40年

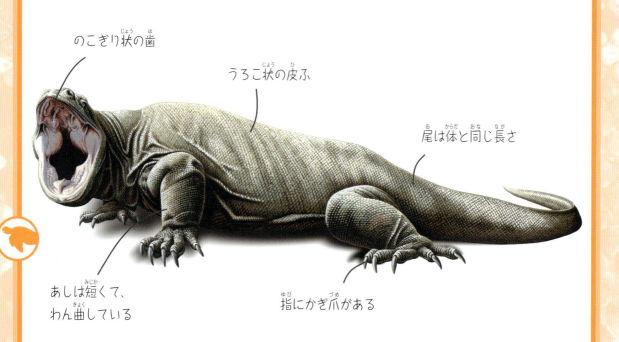

- のこぎり状の歯
- うろこ状の皮ふ
- 尾は体と同じ長さ
- 指にかぎ爪がある
- あしは短くて、わん曲している

ニシキヘビ

ニシキヘビは獲物の体に巻きついて締めつけ、窒息させて獲物を殺します。ほかのヘビと同じように、ニシキヘビも下あごをはずして口を大きく開くことができます。捕えた獲物をかまずにまるごと飲みこみます。メスはざらざらした卵を産み、卵はおよそ2か月で孵化します。とぐろを巻いて、そのなかに卵を置いて温めて世話をする種もいます。ニシキヘビにはおよそ27種のなかまがいます。

大きさくらべ

アミメニシキヘビは、ヘビのなかで最も体が長いです。ほとんどが3mから4mの長さですが、10mに達するものもいたことがわかっています。

動物データ

絵の動物	アミメニシキヘビ
学名	Python reticulatus
大きさ	体長 4m
生息場所	熱帯雨林
寿命	10年

体が長く、あしをもたない

体にそってダイヤモンドのような模様がある

体はうろこにおおわれている

頭部は三角形で、目がある

サンショウウオ

尾をもつ両生類です。皮ふを湿らせておかなければならないので、水辺の湿った場所に棲んでいます。サンショウウオのなかまは55種以上いて、水中だけで暮らす種もいれば、産卵のときだけ水のなかに戻る種もいます。生まれた卵が孵化すると幼生になります。成体は昆虫、クモ、ミミズなどを捕食しますが、幼生は水中の小さい動物を食べます。

大きさくらべ

サンショウウオの尾は、切れても再びはえてきます。

動物データ

- **絵の動物** ファイアサラマンダー
- **学名** *Salamandra salamandra*
- **大きさ** 体長20cm
- **生息場所** 中央ヨーロッパと南ヨーロッパの森林
- **寿命** 最長20年

- 尾が長い
- 黒い皮ふに黄色い斑点やしま模様がある
- 体は細い
- 皮ふが湿っている
- 鼻が短い
- 大きな口
- 前あしには指が4本ある

ヒキガエル

皮ふが湿っている種類のカエルより体が丸く、移動するときは、飛び跳ねて進むよりもはって進みます。短くずんぐりしたあしがあり、尾がない両生類です。皮ふは通常、乾いていて、いぼがあります。目のすぐ後ろに独特な耳腺があり、不快な味の毒液を分泌し、外敵から身を守ります。ヒキガエルは水のなかで産卵し、卵は孵化するとオタマジャクシになります。ヒキガエルにはおよそ150種のなかまがいます。

大きさくらべ

多くのヒキガエルは、危険を感じると体を膨らませて、自分の体を大きく見せようとします。

動物データ

絵の動物　ナタージャックヒキガエル
学名　*Epidalea calamita*
大きさ　体長7cm
生息場所　北ヨーロッパの荒れ地
寿命　最長15年

- 目が飛び出している
- 瞳孔は黒くて水平
- 皮ふが乾燥していて、いぼがある
- 大きな口
- 前あしに4本の指がある
- あしが短い
- 後ろあしの一部に水かきがある

ウミガメ

ウミガメの体は独特な甲羅でおおわれています。海に棲む爬虫類で、力強いひれで泳ぎます。陸上では体をもちあげることができないので、はって進まなければなりません。ウミガメは、甲殻類、イソギンチャク、クラゲ、サンゴ、藻類、海綿動物などさまざまなものを食べます。メスは自分が生まれた海岸に戻って、砂のなかに産卵します。40日から70日で卵から孵化した子ガメは、いっせいに海に向かって進んでいきます。

アオウミガメは英語で「グリーンタートル（緑色のカメ）」と呼ばれます。甲羅の色ではなく、あしなど体の部分が緑色であることから名づけられました。

大きさくらべ

動物データ

- 絵の動物　アオウミガメ
- 学名　*Chelonia mydas*
- 大きさ　体長 1.5m
- 生息場所　熱帯の海域
- 寿命　80年以上

- 小さい頭
- 背甲と呼ばれる背面の甲羅
- くちばしには歯がない
- パドルのようなひれ
- 腹甲と呼ばれる腹側の甲羅
- 緑色を帯びた甲羅
- 尾

ピラニア

南アメリカに棲む淡水魚で、上下のあごにはカミソリのように鋭い歯が並んでいます。何かをかむときに、上の歯と下の歯が組み合わさるので、獲物の肉を口いっぱいに入れても一度にかみちぎることができます。ピラニアは、魚類、昆虫類、ナメクジのほか、動物の死体の腐肉を食べます。小さな群れをつくって、物陰に隠れて獲物を待ちぶせし、獲物がそばを泳いで通ったところを襲います。ピラニアにはおよそ40種のなかまがいます。

大きさくらべ

ピラニアは群れで大型の動物を襲うこともありますが、それは水中で血液の臭いに誘われたときだけです。

動物データ

絵の動物　ピラニア・ナッテリー
学名　*Pygocentrus nattereri*
大きさ　体長25cm
生息場所　南アメリカの淡水の川
寿命　最長10年

- とがった三角形の歯がすき間なく並んでいる
- 目が赤い
- 背部の上のほうは銀色をおびた青色
- 体の下の部分は赤みをおびたオレンジ色

エイ

体が平らで幅の広い魚で、翼のような大きな胸びれが体の両側から突き出ています。エイの骨格は、サメと同じように軟骨でできています。ほとんどのエイは海底付近か海底に沈んで暮らし、胸びれを上下に動かしてゆっくりと泳ぎます。海底の砂に体の一部を隠して獲物を待ちぶせする種もいます。このようにして、ほかの魚類や、軟体動物や甲殻類などの無脊椎動物を捕食します。オニイトマキエイやトビエイは遊泳してプランクトンを食べます。

オニイトマキエイは、頭部の両側に大きなへらのようなひれがあり、そのひれでプランクトンを口のなかに寄せ集めます。

大きさくらべ

動物データ

絵の動物	オニイトマキエイ
学名	Manta birostris
大きさ	体長7m
生息場所	熱帯海域の水深120mくらいまで
寿命	10年から20年

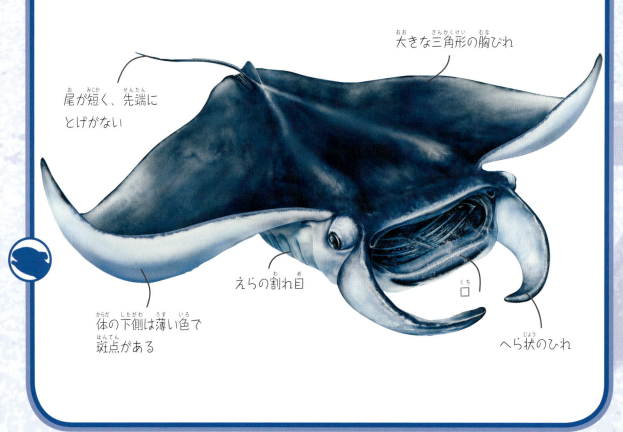

- 大きな三角形の胸びれ
- 尾が短く、先端にとげがない
- えらの割れ目
- 口
- へら状のひれ
- 体の下側は薄い色で斑点がある

タツノオトシゴ

水中で背びれをはためかせて、立って泳ぎます。魚類には珍しく、うろこがありませんが、硬い甲板を薄い皮ふがおおっていて、鎧をつけたようなすがたをしています。体がこのような形をしていることから、海藻のなかでたくみにカムフラージュでき、アルテミアなど小型の獲物がそばを通りかかるのを待ちぶせて捕食します。獲物が近づくと、口のなかに吸い込みます。タツノオトシゴの種は40種未満です。

大きさくらべ

メスはオスの腹部の袋に産卵し、オスは袋のなかで卵を育てます。やがて、体は小さくてもすがたはおとなとそっくりな子どもたちが卵から孵化し、オスの体から水中に出ていきます。

動物データ

絵の動物　イバラタツ
学名　*Hippocampus histrix*
大きさ　体長15cm
生息場所　太平洋西部の浅い海域
寿命　1年から5年

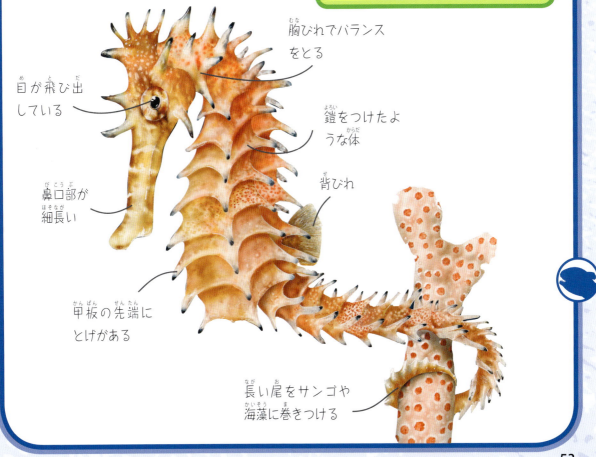

- 胸びれでバランスをとる
- 目が飛び出している
- 鎧をつけたような体
- 鼻口部が細長い
- 背びれ
- 甲板の先端にとげがある
- 長い尾をサンゴや海藻に巻きつける

サメ

海で最も恐れられている動物ですが、すべてのサメが大きくて凶暴なのではありません。体長4m以上に成長するのは10種だけで、ほとんどのサメは体長およそ1mです。サメは骨格が普通の硬い骨ではなく軟骨でできているため、軟骨魚綱というグループに分類されます。魚類、アザラシ、イルカ、軟体動物、鳥類などを獲物にする捕食動物です。サメには単独で暮らす種もいますが、群れで暮らす種もいます。

大きさくらべ

大きな卵を産むサメもわずかにいますが、ほとんどの種は子どもを産みます。

動物データ

絵の動物　ホホジロザメ
学名　*Carcharodon carcharias*
大きさ　体長 5m
生息場所　ほとんどの海洋の沿岸部
寿命　最長 40 年

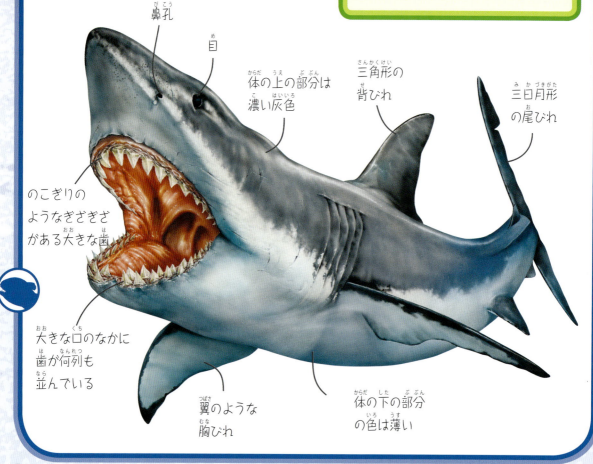

- 鼻孔
- 目
- 体の上の部分は濃い灰色
- 三角形の背びれ
- 三日月形の尾びれ
- のこぎりのようなぎざぎざがある大きな歯
- 大きな口のなかに歯が何列も並んでいる
- 翼のような胸びれ
- 体の下の部分の色は薄い

ホウライエソ

奇妙なすがたのホウライエソは、深海で最もどうもうな動物のなかまです。巨大な頭部にそなわる牙は、とても長くて口のなかにおさまりません。この牙を武器にして、魚類や甲殻類の動物を捕食します。背びれの一部がカーブして長く伸び、その先に発光器とよばれる光を発する器官があります。ホウライエソはこれを小きざみに揺らして、獲物を自分の口のそばにおびき寄せます。

大きさくらべ

ホウライエソは大きな獲物を食べて胃におさめるために、胃を広げることができます。

動物データ

絵の動物　ホウライエソ
学名　*Chauliodus sloani*
大きさ　体長 35cm
生息場所　温暖海域や熱帯海域の水深 3000m まで
寿命　不明

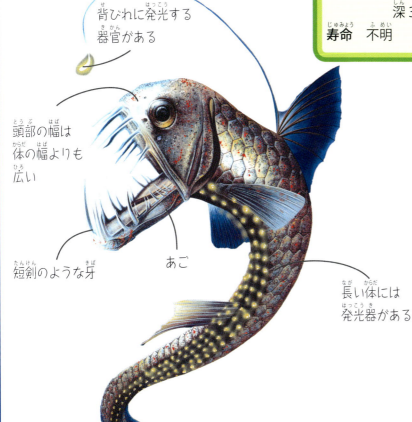

背びれに発光する器官がある

頭部の幅は体の幅よりも広い

短剣のような牙

あご

長い体には発光器がある

用語解説

営巣地 鳥が巣づくりをする場所

かぎ爪 長いフック状の爪。捕食する鳥類などに見られます

カムフラージュする 動物が体の色や模様、形を周囲の環境に溶けこませること

サバンナ 熱帯の草原地帯

水生 水のなかに棲むこと

腺 特定の物質をつくって分泌する体の器官

だ液 口のなかでつくられる液体で、食べ物を湿らせる働きをする

縄張り 1匹の動物が、ほかの動物を侵入させずに暮らす特定の範囲

軟骨 骨格のなかにある柔らかい物質。サメ類やエイ類が属する軟骨魚綱は、骨格のすべてが軟骨からなっています

肉食動物 動物の肉のみを食べる動物。または主として肉を食べる動物

腐肉食動物 死んだ動物の残がいを食べる動物

プランクトン 水中に漂う小さな動物や植物

捕食動物 ほかの動物を狩って殺し、それをえさにする肉食動物

群れ 同種の動物が共生する集団

夜行性 夜に活発に行動する性質

流線形 水中を泳ぎやすいなめらかな形

50音順

●著者プロフィール

サリー・モーガン
(Sally Morgan)

作家。科学ライター。数多くの児童向け科学学習書を著作にもつ。野生動物・自然史・科学・地理学・環境問題をテーマに、初心者向けから幅広い層に向けて 250 以上の書籍を執筆している。イングランド南西部サマセット州で、執筆のかたわら、希少品種の家畜を育てたり有機の家庭栽培をしている。『写真とデータで考える 21 世紀の地球環境 水とわたしたち』『人がつなげる科学の歴史 新エネルギー源の発見』(ともに文溪堂)などがある。

訳出協力　Babel Corporation／植林秀美
日本語版デザイン　(有)ニコリデザイン／小林健三

図説　知っておきたい！スポット 50

野生動物

2017 年 1 月 27 日初版第 1 刷

著　者　サリー・モーガン
発行人　圖師尚幸
発行所　株式会社 六耀社
　　　　東京都江東区新木場 2-2-1　〒136-0082
　　　　Tel.03-5569-5491　　Fax.03-5569-5824
印刷・製本　シナノ書籍印刷 株式会社

© 2017
ISBN978-4-89737-877-0
NDC400 56p 27cm
Printed in Japan

本書の無断転載・複写は、著作権法上での例外を除き、禁じられています。
落丁・乱丁本は、送料小社負担にてお取り替えいたします。